Generis

PUBLISHING

Perception des populations sur la gestion des espèces autochtones

Gestion durable de *Parkia biglobosa* (Jacq.) R.Br. Ex G. Don, de *Daniellia oliveri* (Rolfe) Hutch. et de *Uvaria chamae* P. Beauv., trois espèces végétales autochtones utilisées dans le département du Plateau au Sud-Est Benin

Barthélémy Oladikpoukpo FACHOLA

Gbodja Houéhanou François GBESSO

Olou Toussaint LOUGBEGNON

Noukpo AGOSSOU

CIP a Camerei Naţionale a Cărţii

Perception des populations sur la gestion des espèces autochtones : Gestion durable de Parkia biglobosa (Jacq.) R.Br. Ex G. Don, de Daniellia oliveri (Rolfe) Hutch. et de Uvaria chamae P. Beauv., trois espèces végétales autochtones utilisées dans le département du Plateau au Sud-Est Benin / Barthélémy Oladikpoukpo Fachola, Gbodja Houéhanou François Gbesso, Olou Toussaint Lougbegnon, Noukpo Agossou. – Chişinău : Generis Publishing, Rez.: lb. engl., fr. – Bibliogr.: p. 36-40.

ISBN 978-9975-154-31-4.

582.5/.9(668.2)

P 51

Cover image: www.pixabay.com

Generis Publishing
Online orders: www.generis-publishing.com
Orders by email: info@generis-publishing.com

BIOGRAPHIE

Né le 02 janvier 1980 à Mowodani, dans la cité historique de Kétou en République du Bénin, FACHOLA Barthélémy Oladikpoukpo, est Fils d'un paysan, originaire de Holi Idjé. Il a suivi ses études primaires à Mowodani (Kétou) puis à Abadago (Adja-Ouèrè) et ses études secondaires à Kétou et à Pobè (Bénin) où il obtint en 2002 un Baccalauréat série D. La même année il fut inscrit en Géographie à la Faculté des lettres, Arts et Sciences Humaines au Centre Universitaire de Porto-Novo (CUP), une entité de l'Université d'Abomey-Calavi où il a soutenu sa Maîtrise en Géographie, option Aménagement du Territoire en juillet 2008 avec une mention Bien. Il commença avec la licence les cours de vacation au collège d'Enseignement Général 2 de Kétou en 2005 où il fut recruté enseignant contractuel d'Etat en 2008 et obtient un Brevet d'Aptitude au Professorat de l'Enseignement Secondaire (BAPES) en 2012 après une formation d'un an à l'Ecole Normale Supérieure (ENS) de Porto-Novo. En 2011 il s'est inscrit en DEA (Diplôme d'Etudes Approfondies) dans l'option Géoscience de l'Environnement. M. FACHOLA Barthélémy Oladikpoukpo, s'est inscrit en 2013 en 1ère année de Thèse de Doctorat dans la même option. Il a travaillé dans les domaines touchant l'environnement, la biodiversité et l'ethnobotanique.

En 2008, il fut élu conseiller communal de Kétou. Après sa réélection en juin 2015, il a été élu par le conseil communal de Kétou, Chef d'Arrondissement de Kpankou. Il a été réélu Chef d'Arrondissement après les élections communales du 17 mai 2020.

DEDICACE

Je dédie ce travail à ma famille biologique, et à la communauté scientifique sans qui je ne suis rien.

RESUME

La présente étude est une contribution à l'analyse des perceptions des populations locales sur la gestion de *Parkia biglobosa, de Daniellia oliveri* et de *Uvaria chamae,* trois espèces végétales autochtones au Sud-Est du Bénin. Des enquêtés ethnobotaniques ont été menées auprès de 371 personnes, choisies au hasard au sein des communautés résidentes. Les enquêtes ethnobotaniques ont permis de recenser, les formes de menaces exercées sur les espèces, leur disponibilité et les stratégies de protection développées dans la mise en œuvre des pratiques de conservation des espèces. Les données collectées ont été traitées sous tableur Excel et analysées à l'aide d'outils de gestion de base de données (SPSS et MINITAB). Les fréquences relatives de citation et les valeurs consensuelles sur les types de menaces ont été calculées. Une ACP a été effectué sur la disponibilité des espèces. Les résultats montrent que, les menaces qui pèsent sur les espèces, sont liées à l'agriculture (35,5 %), à l'abattage (18,89 %), au prélèvement abusif des organes sensibles (racines, 42 % et écorce, 31 %), à la carbonisation (15,45 %), à l'installation humaine (9,92 %) et aux variabilités climatiques (3,05 %). La disponibilité des espèces, varie selon les districts phytogéographiques. *Parkia biglobosa, Uvaria chamae* et *Daniellia oliveri* sont plus disponibles dans le district phytogéographique de Plateau, que dans le district phytogéographique de Pobè. Les stratégies de conservation sont essentiellement la multiplication des plants, le reboisement, la sacralisation, la conservation dans les champs et concessions et la sensibilisation. Ces actions, enregistrées au niveau de certains acteurs, méritent d'être soutenues pour une gestion efficiente des espèces d'intérêt socioéconomique.

Mots clés : Perception, espèces autochtones, conservation, Bénin

ABSTRACT

This study analyzes the perceptions of local people about the availability, degradation and conservation measures of Parkia biglobosa, Daniellia oliveri and Uvaria chamae, three native species in south-eastern Benin to contribute to their sustainable management. Ethnobotanical interviewees were conducted among 371 people selected at random from resident communities. Ethnobotanical surveys have identified the types of threats to species, their availability and the protection strategies developed in implementing species conservation practices. The data collected was processed by spreadsheet and analyzed using database management tools (SPSS and MINITAB). Relative frequencies of quotation and the consensual values were calculated. A PCA was conducted on the availability of species. The results show that the threats to the species are related to agriculture (35.5%), slaughter (18.89%), excessive removal of sensitive organs (roots, 42% and bark, 31%), carbonization (15.45%), human settlement (9.92%) and climatic variability (3.05%). The availability of species varies according to phytogeographic districts. Parkia biglobosa, Uvaria chamae and Daniellia oliveri are more available in the phytogeographical district of Plateau than in the phytogeographic district of Pobè. Conservation strategies are: the sacredness of the species, the conservation of the species in the fields and in the course of the concessions. These actions, recorded at the level of certain actors, deserve to be supported.

Keywords: Perception, native species, conservation, Benin

INTRODUCTION

En Afrique, l'environnement est perçu comme un grenier naturel inépuisable, libre à la portée de la population. Ces populations utilisent les ressources pour satisfaire leurs besoins fondamentaux: se nourrir, se loger, se soigner, se reproduire (Goussanou, 2011 ; Vodouhê *et al.*, 2010 ; Assogbadjo *et al.*, 2009). Malheureusement, ce réservoir naturel connaît aujourd'hui de grandes mutations qui sont en partie liées à l'évolution des pratiques agricoles (Assogba, 2016).

Le boom démographique du XXIème siècle et les besoins nutritionnels d'une population en forte croissance ont engendré de fortes pressions anthropiques sur les ressources naturelles nécessaires aux soins traditionnels et aux usages multiples (Ayihouenou et *al.,* 2016; Ali *et al.*, 2014).

Au plan international, régional, sous régional et au Bénin, les Produits Forestiers Non Ligneux (PFNL) représentent un moyen de subsistance et de soins des populations (Trekpo, 2003; Tra Bi *et al.*, 2008; Diop *et al.*, 2011; Lougbegnon *et al.*, 2011; Dossou *et al,.* 2012 ; Akoegninou *et al.*, 2012; Guigma *et al.*, 2012; Ambe *et al.*, 2015). Dans le département du plateau, l'utilisation du *Parkia biglobosa, de Uvaria chamae et de Daniellia oliveri* est une pratique courante. Les formes d'usage et les techniques de prélèvement des organes sont traditionnelles et pourraient compromettre l'avenir des plantes et la disponibilité future des espèces.

La présente étude s'accorde avec la stratégie et le plan d'action national pour la biodiversité adopté en février 2002 qui reprend les grands objectifs de la convention sur la biodiversité, à savoir la conservation et l'utilisation durable de la diversité biologique et la prise en compte des savoirs locaux dans toutes actions de gestion des ressources naturelles. Ceci indique que le présent travail est une réponse à une préoccupation nationale.

Cette étude diagnostique, a pour objectif d'analyser la disponibilité, les formes de menaces et les mesures de conservation de *Parkia biglobosa* (Jacq.) R.Br. Ex

G. Don, de *Daniellia oliveri* (Rolfe) Hutch. et de *Uvaria chamae* P. Beauv. Adoptées par les populations en vue d'une gestion durable des espèces au Sud-Est du Bénin.

MATERIEL ET METHODES

1.1. Milieu d'étude

S'étalant sur les plateaux de Kétou, de Pobé et de Sakété, avec une légère inclinaison sur la vallée de l'Ouémé, le département du Plateau, est situé dans la partie méridionale du Bénin. Il est limité au Nord par le Département des Collines, à l'Est par la République Fédérale du Nigéria, à l'Ouest par le Département du Zou et au Sud par le Département de l'Ouémé (Figure 1). Il comprend cinq (5) communes (Kétou, Pobè, Adja-Ouèrè, Sakété et Ifangni). Sa superficie est de 3 264 km², soit 3% de la superficie nationale.

La présente étude s'est déroulée dans trois communes du département du Plateau: Pobè, Kétou et Adja-Ouèrè. Il s'agit des localités de la zone guinéo-congolaise comprise entre 6°30'N-7°45'N et 2°20'E-2°5'E (Figure 1). Elle est caractérisée par un climat de type soudano-guinéen à deux saisons de pluies avec une hauteur annuelle comprise entre 800 et 1 200 mm dans sa partie Ouest et 1 000 à 1 400 mm dans sa partie orientale (Codjia *et al.*, 2009).

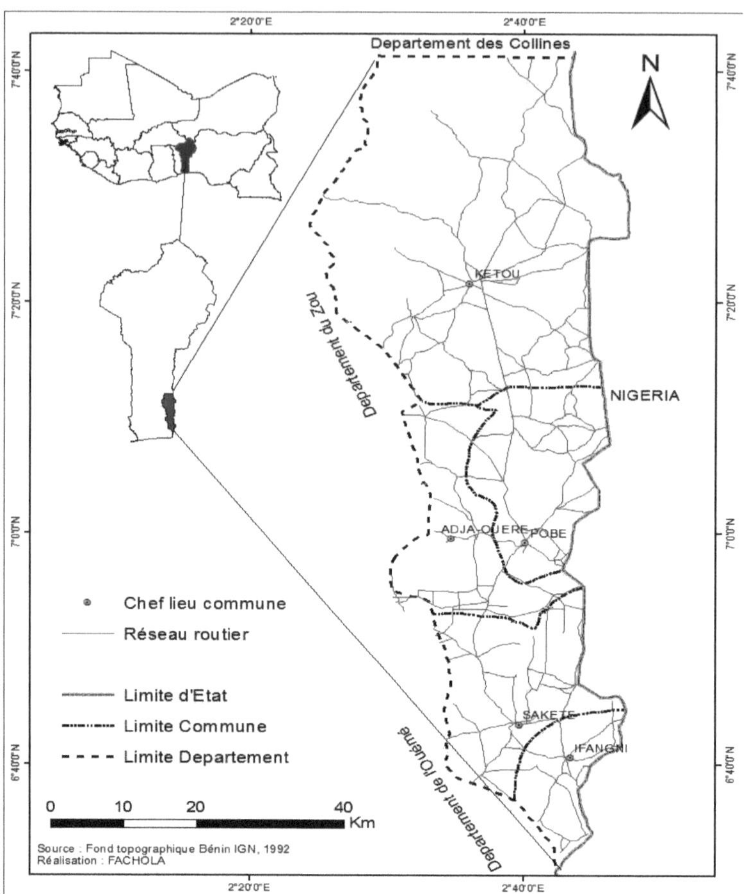

Figure 1: Situation géographique du milieu d'étude

1.2 Méthodes de collecte des données

1.2.1 Echantillonnage

Les données ont été collectées auprès de 371 personnes choisies au hasard au sein des ménages sur la base de la taille de l'échantillon N=100 personnes, représentant le taux de sondage, appliqué aux ménages de chaque arrondissement d'investigation (Tableau I). La taille N de l'échantillon au niveau de chaque commune est déterminée à partir de la loi binomiale (Dagnelie, 1998).

$$N=U^2_{1-\alpha/2} \times p_{(1-p)}/d^2$$

N est la taille de l'échantillon considérée pour la zone d'étude,

p est la proportion de personnes ayant une connaissance des espèces.

1-p, la proportion de personnes n'ayant aucune connaissance des espèces.

U $_{1-\alpha/2}$: est la valeur de la variable normale de Random correspondant à la probabilité 1-α /2 fixé à 1,96;

d² : degré de précision ou marge d'erreur tolérée 5%.

Tableau I: Répartition des personnes enquêtées en fonction du sexe, du groupe socioculturel et de l'âge

Communes	Sexes		Groupes socioculturels			Catégorie d'âge		
	Homme	Femme	Holi	Maxi	Nago	Jeunes	Adultes	Vieux
Pobè	46	20	66	0	0	13	35	18
Adja-Ouèrè	35	15	31	19	0	11	28	11
Kétou	117	78	91	108	56	70	103	82
Total	258	113	188	127	56	94	166	111

Jeunes : 15 ans ≤ âge ≤ 35 ans ; Adultes : 35 <âge≤60 ans ; Vieux : âge> 60 ans

Source : Travaux de terrain, novembre 2018

Dans le département du Plateau, les Nago, les holi, et les Maxi, représentent les groupes majoritaires (INSAE, 2015). Ce qui a permis une bonne représentativité de toutes les communautés majoritaires de la zone d'étude dans l'échantillon. Les enquêtes ethnobotaniques ont privilégié les groupes ethniques majoritaires. *Ces trois communautés constituent les groupes majoritaires. En milieu rural, l'âge est déterminant dans l'acquisition des connaissances traditionnelles sur les plantes* (Benkhnigue *et al.*, 2011). La limitation de l'âge à 15 ans tient du fait que, pour avoir une meilleure connaissance traditionnelle des plantes, il faut disposer d'une certaine maturité physique et culturelle. C'est l'âge minimum requis pour acquérir ces connaissances au niveau des villages (Lougbégnon *et al.*, 2011).

1.2.2. Collecte des données

La collecte des données a été faite grâce à la recherche documentaire et aux enquêtes sur le terrain. La recherche documentaire s'est basée sur la visite des centres de documentation et de l'internet où des ouvrages spécifiques sur le thème ont été consultés.

Au cours des enquêtes, des entretiens individuels ont été effectués dans les trois communes sur la base d'un questionnaire semi structuré. Les données portent sur les perceptions des populations des menaces sur les espèces, leur disponibilité et les stratégies de protection développées dans la mise en œuvre des pratiques de conservation des espèces. Des échantillons des espèces étudiées ont été présentés aux enquêtés pour parfaire la compréhension. Une prospection de terrain dans le milieu d'étude, a permis de collecter les données sur les formes de pression.

L'importance numérique des individus prélevés, les formes de perturbation de l'habitat constatées (pratiques agricoles, feu de végétation), les traces de prélèvement des organes, ainsi que les diverses formes d'utilisation des espèces, ont permis l'évaluation des menaces et des formes de pressions qui pèsent sur les espèces.

1.2.3 Traitement et analyse des données

Les données ont été saisies sous tableur Excel, transférées dans une base de données et traitées statistiquement par les logiciels SPSS 16.0, MINITAB 14.0. La fréquence de citation (F) et la Fréquence relative (FR) des menaces ont été calculées. La Fréquence relative (FR) des menaces est le pourcentage d'espèces ayant subi une forme (k) de menace (Rakotondratsimba, 2008).

$$\text{FR} = U(k) \, / \, R(k) \times 100$$

FR = fréquence relative des menaces étudiées,

U(k) = nombre d'individus de l'espèce i dans la classe k de menace

R(k) = Nombre total d'individus de l'espèce i observés ou recensés sur le terrain

Une analyse en composante principale a été effectuée sur la disponibilité des espèces dans les différents districts phytogéographiques regroupant les trois communes investiguées.

RESULTATS

2.1. Disponibilité des trois espèces dans le milieu d'étude

Les variables (fréquences de disponibilité, les espèces et les districts phytogéographiques de résidence des enquêtés), soumises à l'analyse en composante principale (ACP) indiquent que 50,94 % des informations sont expliquées par les trois premiers axes ce qui parait suffisant pour garantir une précision dans les informations (Tableau II).

Tableau II: Valeurs propres et pourcentage des axes

Axes	Total	% de Variance	Cumulative %
1	2,214	20,128	20,128
2	1,865	16,951	37,079
3	1,526	13,869	50,94

Source : Travaux de terrain, novembre 2018

La matrice de corrélation des variables et les axes indiquent que les variables *Parkia biglobosa,* Adja-Ouèrè, Pobè, absence, rare et très rare sont bien corrélées et ont plus contribué positivement à l'axe 1. Les variables *Uvaria chamae,* abondante, très abondante, *Daniellia oliveri,* ont plus contribué positivement à la formation de l'axe 2 (tableau III).

Tableau III: Matrice de corrélation entre les axes et les variables

Variables	Axe 1	Axe 2
Kétou	-0,806	-0,55
Adja-Ouèrè	0,59	0,419
Pobè	0,55	0,356
Abondante	-0,44	0,153
Très rare	0,358	
Absence	0,134	-0,133
Parkia biglobosa	0,463	-0,746
Rare	0,383	-0,469
Uvaria chamae	-0,273	0,402
Très abondante	-0,318	0,395
Daniellia oliveri	-0,19	0,345

Source : Travaux de terrain, novembre 2018

La projection des variables espèces, habitats et disponibilité dans le système des axes 1 et 2 indique deux groupes de variables (Figure 2) :

- le groupe 1 est constitué des espèces de *Uvaria chamae*, *Daniellia oliveri*, très abondante ou abondante du district phytogéographique de plateau de Kétou ;

- le groupe 2 est constitué de *Parkia biglobosa*, espèce rare ou très rare ou absente dans le district du Pobè et Adja-Ouèrè.

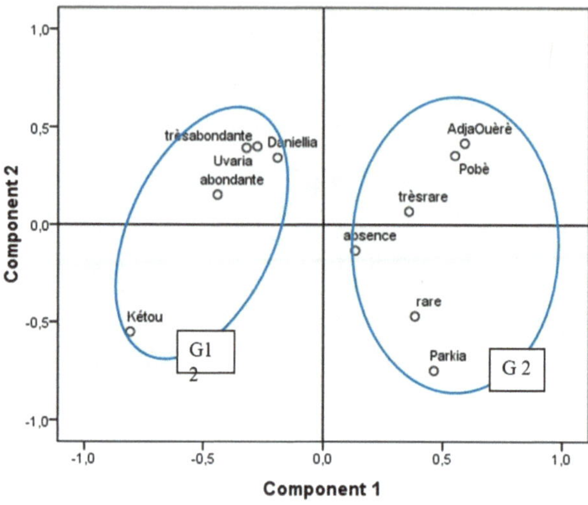

NB : Component Plot = composante axe, Component 1 ; 2 = composante 1 ; 2

Figure 2: Carte factorielle de la disponibilité des espèces

Source : Travaux de terrain, novembre 2018

L'analyse en composante principale de la perception des populations sur la disponibilité des espèces permet de dire que la disponibilité varie selon les districts phytogéographiques. Il ressort de cette analyse que *Parkia biglobosa, Uvaria chamae* et *Daniellia oliveri* sont des espèces habituellement retrouvées dans les savanes mais aujourd'hui moins abondantes dans les communes de Pobè et d'Adja-Ouèrè alors que ces espèces sont plus en abondance dans la commune de Kétou.

2.2. Menaces subies par les espèces dans le milieu d'étude

2.2.1. Fréquences relatives des menaces perçues

Les différentes formes de pression issues du prélèvement des organes ne garantissent pas la survie des espèces. Les travaux de terrains ont permis d'identifier quatre principales formes de menace sur les espèces : l'écorçage, le déracinement, les feux et l'abattage des arbres pour produire le charbon de bois ou pour servir de bois d'œuvre et de service. La fréquence relative de menaces varie selon les espèces (Figure 4). L'écorçage représente 31% pour *Parkia biglobosa* contre 29 % pour *Daniellia oliveri*. Le déracinement (42%), l'abattage (16%) représentent les formes de menace les plus importantes pour *Uvaria chamae*. Dans la zone d'étude, le taux d'abattage représente 6% pour le *Parkia biglobosa* et 3% pour *Daniellia oliveri* (figure 3).

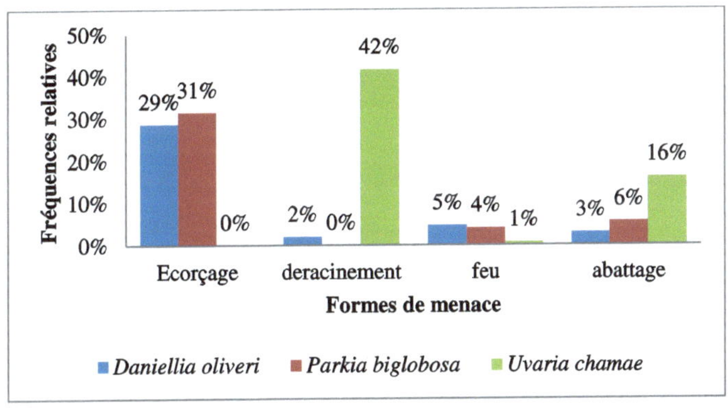

Figure 3: Fréquence relative des menaces observées en milieu naturel

Source: Travaux de terrain, novembre 2018

Il ressort de cette analyse que l'écorçage, le prélèvement anarchique des racines et l'abattage des arbres constituent les grandes menaces qui pèsent sur les ligneux étudiés. Néanmoins l'extinction des espèces par le feu (10 %) n'est toutefois à négliger dans le processus de conservation des espèces. Ces différentes formes de pression témoignent de l'engouement que les populations ont pour les racines de *Uvaria chamae*, les écorces de *Daniellia oliveri* et du *Parkia biglobosa*.

La distribution de la fréquence relative des modes de récolte des organes dans le plan des axes 1 et 2 met en exergue les relations entre les menaces qui pèsent sur les espèces, les types de formation végétale et l'installation humaine. Le tableau IV présente les valeurs propres et le pourcentage des variables ayant contribué à la formation des axes.

Tableau IV: Valeurs propres et pourcentage des axes

Axes	Total	% de variance	Valeur cumulative %
Axe 1	2,82	20,16	20,16
Axe 2	2,14	15,32	35,48

Source: Résultats d'enquêtes, 2017 et 2018

L'analyse en composante principale ACP sur cette matrice donne une inertie totale d'environ 35,48 % sur les deux premiers axes soit 20,16 % pour l'axe 1 et 15,32 % pour l'axe 2, ce qui parait suffisant pour garantir une précision dans les conclusions à tirer.

Le tableau V présente la matrice de corrélation des variables avec les axes 1 et 2. Sur cette matrice on note que les variables (savane, forêt claire, coupe, carbonisation) sont corrélées positivement à l'axe 1. Les variables, culture et jachère, écorçage, déracinement, brûlage des pieds, agglomération, participent plus à la formation de l'axe 2.

Tableau V: Matrice de corrélation entre les variables et les principaux axes

Variables	Axe 1	Axe 2
Culture et jachère	-0,093	0,212
Savane	0,304	-0,102
Plantation	-0,022	-0,145
Forêt sacrée	-0,017	-0,089
Agglomération	-0,012	0,088
Aucune menace	-0,060	-0,413
Ecorçage	-0,095	0,339
Coupe	0,269	0,165
Brûlage des pieds	0,011	0,054
Déracinement	0,013	0,057
Pratiques agricoles	-0,075	0,096
Carbonisation	0,303	-0,101
Forêt galerie	0,003	0,061
Forêt claire	0,263	0,177

Source: Résultats d'enquêtes, 2017 et 2018

La figure 4 indique la représentation des groupes de variables, types de menaces, types de formation végétale et forme d'occupation du sol dans le système des axes 1 et 2.

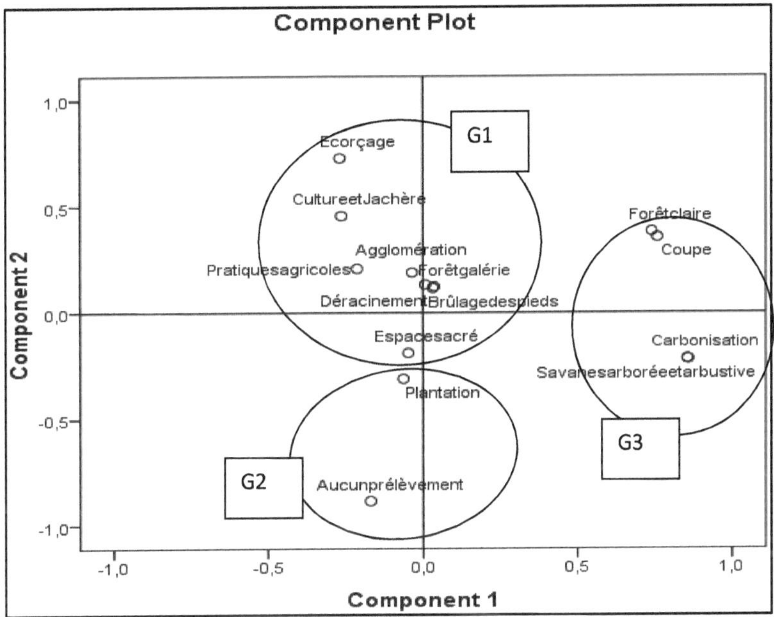

G1= Cultures et jachères, Agglomérations, Déracinement, Pratiques agricoles, Ecorçage, Brûlage des pieds. G2= Plantations, Espaces sacrées, Aucun prélèvement. G3= savanes, des forêts claires, carbonisation.

Figure 4: Distribution des formes de menace, types de formation végétale et installation humaine

Source: Résultats d'enquêtes, 2017 et 2018

L'analyse de la figure 4 permet de distinguer trois groupes de variables. Le groupe G1 est constitué des cultures et jachères, des zones proches des agglomérations dans lesquelles les espèces sont exposées au déracinement, aux pratiques agricoles, à l'écorçage, et au brûlage des pieds. Sur l'axe 2, le groupe G1 s'oppose au groupe G2, constitué des plantations et des forêts sacrées où aucun prélèvement n'est observé sur les espèces. Le groupe G3 est constitué des savanes, des forêts claires où les espèces sont fortement exposées à la coupe pour la fabrication du charbon de bois.

Il ressort de cette analyse que, les espèces situées dans les cultures et jachères, les zones proches des agglomérations, les savanes, les forêts claires sont plus vulnérables du fait de la forte propension dans ces milieux des activités entraînant la déforestation (agriculture, carbonisation, écorçage, déracinement, coupe, installation humaine). Les espèces situées dans les forêts sacrées et dans les plantations sont protégées par les populations.

Ces modes de récolte des organes, constituent des facteurs de dégradation diversement appréciés par les populations enquêtées.

2.2.2. Perception des populations sur les formes de menaces

La perception des populations sur les menaces a permis d'identifier huit facteurs de dégradation des espèces, présentés par la figure 5.

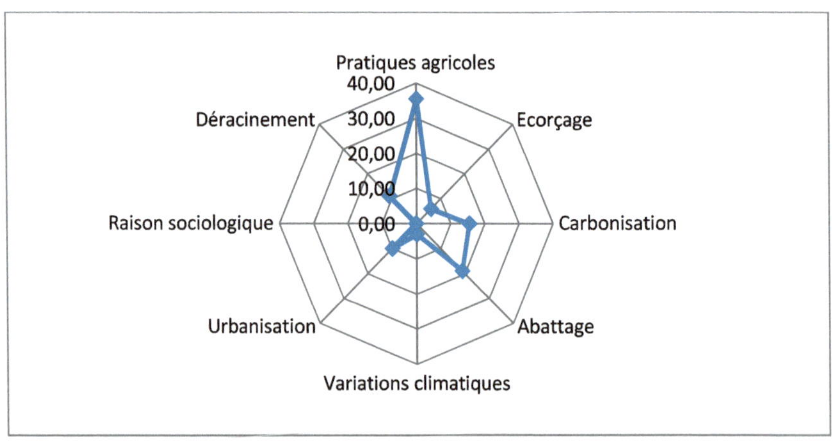

Figure 5: Diagramme des causes de la vulnérabilité des espèces selon les enquêtés

Source: Résultats d'enquêtes, 2017 et 2018

Il ressort de l'analyse de la figure 14 que la dégradation des espèces est principalement liée aux mauvaises pratiques agricoles. Elle est suivie de l'abattage ou l'exploitation pour les bois d'œuvre, de la carbonisation, de l'urbanisation, du prélèvement des organes sensibles (racines et écorce), des variations climatiques, des raisons sociologiques ou religieuses.

A l'exception de la variable (raison sociologique) qui affiche une différence statistique non significative au seuil de 5 %, le test d'homogénéité de Kruskal-Wallis (Tableau VI), montre une différence hautement significative entre les fréquences de citation des différentes formes de menaces.

Tableau VI : Test d'homogénéité entre les formes de menaces sur les espèces

Variables	T	Sig. (2-tailed)
Ecorçage	5,830	0,000
Carbonisation	10,287	0,000
Abattage	11,787	0,000
Variation climatique	4,091	0,000
Urbanisation	7,820	0,000
Raison sociologique	1,000	0,318
Déracinement	8,345	0,000
Pratique agricole	20,164	0,000

Source: Résultats d'enquêtes, 2017 et 2018

Il ressort de cette analyse que la pression exercée sur les espèces à travers le prélèvement anarchique des racines, l'écorçage et la coupe des arbres, constituent de grandes menaces qui pèsent sur *Parkia biglobosa, Uvaria chamae et Daniellia oliveri* dans le département du Plateau.

La distribution de la fréquence de citation des formes de menaces dans le plan des axes 1 et 2 met en exergue les relations entre la perception des groupes socioculturels, des hommes, des femmes et des différentes catégories d'âge sur les formes de menaces qui pèsent sur les espèces. Le tableau VII présente les valeurs propres et le pourcentage des variables ayant contribué à la formation des axes.

Tableau VII: Valeurs propres et pourcentage des axes

Axes	Total	% de variance	Cumulative %
Axe 1	2,26	14,13	14,13
Axe 2	2,06	12,89	27,02

Source: Résultats d'enquêtes, juillet 2017

L'analyse en composante principale ACP sur cette matrice donne une inertie totale d'environ 27,02 % sur les deux premiers axes soit 14,13 % pour l'axe 1 et 12,89 % pour l'axe 2, ce qui parait suffisant pour garantir une précision dans les conclusions à tirer.

Le tableau VIII présente la matrice de corrélation des variables avec les axes 1 et 2. Sur cette matrice on note que les variables (Maxi, adulte, pratiques agricoles, écorçage, carbonisation, abattage,) sont corrélées positivement à l'axe 1. Les variables, Holi, Nago, jeune, vieux, homme, femme, variations climatiques, urbanisation, déracinement, raisons sociologiques participent plus à la formation de l'axe 2.

Tableau VIII: Matrice de corrélation entre les variables et les principaux axes

Variables	Axe 1	Axe 2
Holi	-0,674	0,113
Nago	0,021	0,130
Maxi	0,704	-0,279
Jeunes	0,000	0,431
Adultes	0,558	-0,482
Vieux	-0,633	0,171
Homme	-0,459	-0,831
Femme	0,459	0,831
Pratique agricole	0,123	0,038
Ecorçage	0,223	-0,218
Carbonisation	0,186	-0,043
Abattage	0,113	-0,081
Variations climatiques	0,035	0,075
Urbanisation	-0,095	0,079
Raisons sociologiques	-0,047	-0,082
Déracinement	-0,231	0,226

Source: Résultats d'enquêtes, 2017 et 2018

La figure 6 indique la représentation des groupes de variables, dans le système des axes 1 et 2.

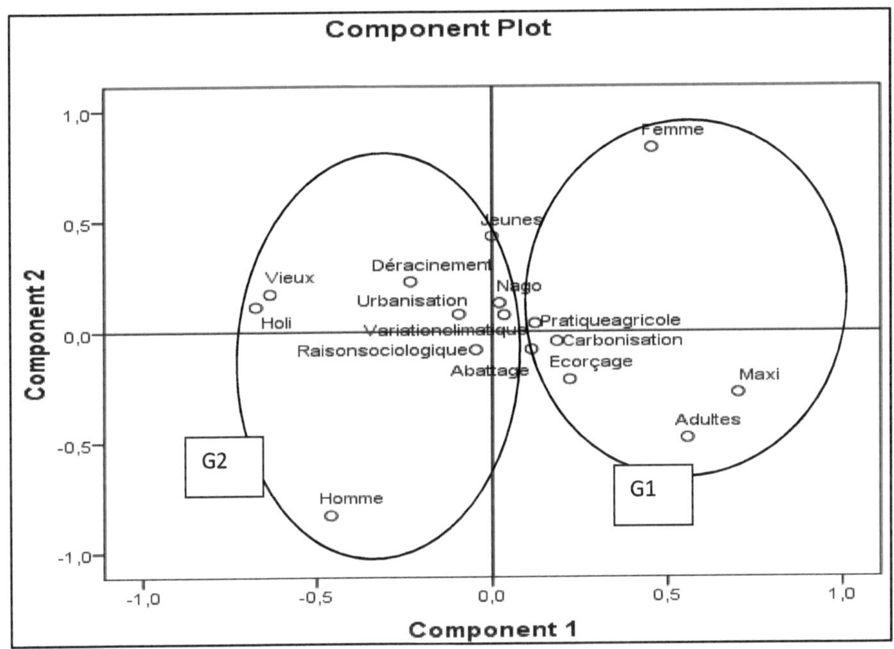

G1= Jeunes, Femmes, Maxi, Nago, Adulte, Pratiques agricoles, Carbonisation et Ecorçage;
G2= Vieux, Hommes, Holi, Déracinement, Abattage, Urbanisation, Raisons sociologiques,
Variations climatiques

Figure 6: Distribution des formes de menaces, groupes socioculturels, sexe et catégories
d'âge des enquêtés dans le plan factoriel

Source: Résultats d'enquêtes, 2017 et 2018

L'analyse de la figure 6 permet de distinguer deux groupes de variables. Le groupe G1 est constitué des jeunes et adultes, femmes, Maxi et Nago ayant une forte représentation sur les facteurs de dégradation comme les pratiques agricoles, la carbonisation et l'écorçage des espèces. Le groupe G2 est constitué des vieux hommes Holi qui ont un niveau de perception plus élevé sur les types de menaces comme le déracinement, l'abattage, l'urbanisation, les raisons sociologiques, les variations climatiques.

Il ressort de cette analyse que, les représentations des populations du département du Plateau sur les formes de menaces varient selon les groupes socioculturels, le genre et la catégorie d'âge.

Le tableau IX présente les valeurs consensuelles sur les formes de menaces citées par les populations enquêtées.

Tableau IX: Valeur consensuelle (Cs) des formes de menaces

Formes de menaces	Valeurs consensuelles (Cs)
Pratique agricole	0,63
Abattage	0,46
Carbonisation	0,56
Déracinement	- 0,68
Urbanisation	- 0,72
Ecorçage	- 0,83
Variations climatiques	- 0,91
Raison sociologique	- 0,99

Source: Résultats d'enquêtes, 2017 et 2018

L'analyse des valeurs consensuelles de la perception des populations des formes de menaces, indique que les populations enquêtées réalisent un consensus élevé sur la dégradation des espèces par les pratiques agricoles (Cs=0,63), la production du charbon de bois (Cs=0,56) et l'abattage des arbres (Cs=0,46).

Les populations Holi, Maxi et Nago du département du Plateau, à la quête de nouveaux espaces agricoles, de nouvelles sources de revenus et du bien-être social, contribuent énormément à la dégradation des ligneux utiles. Ces formes de menaces peuvent être regroupées en deux catégories de facteurs de dégradation à savoir les facteurs directs et les facteurs indirects.

2.2.3 Facteurs directs

L'analyse de la perception des populations enquêtées sur les facteurs de dégradation a permis d'identifier cinq facteurs directs suivants: les pratiques agricoles, l'abattage ou l'exploitation, la carbonisation, l'installation humaine, et le prélèvement des organes sensibles comme les racines, l'écorce, les feuilles, le bois, les fleurs et les fruits.

➤ Pratiques agricoles

L'agriculture demeure l'activité dominante dans le milieu, entraînant inévitablement l'utilisation d'espace très important au détriment des espèces ligneuses. La photo 1 présente un arbre de néré *(Parkia biglobosa)* brûlé pour l'extension des champs.

Photo 1: Brûlage de pied de *Parkia biglobosa* pour l'extension de la culture de maïs à Odomèta, commune de Kétou.

Prise de vue: Fachola, novembre 2018

Dans le milieu d'étude, les travaux de terrains ont révélé, 4 % de pied d'arbre de *Parkia biglobosa* et 5 % de pied d'arbre de *Daniellia oliveri,* brûlés pour l'extension des cultures (Figure 3). L'agriculture constitue donc un facteur direct de menace pour les espèces à travers le brûlage des pieds pour l'installation des champs, le dessouchage pour le labour au tracteur.

➤ Exploitation du bois d'œuvre

L'exploitation du bois de *Parkia biglobosa* et de *Daniellia oliveri* pour le bois d'œuvre constitue un facteur important de dégradation après l'agriculture. Le bois de ces espèces est utilisé pour les constructions, pour fabriquer les objets d'arts (mortier, tam-tam, statuettes). La planche 7, illustre un arbre de *Parkia biglobosa* coupé pour le bois d'œuvre et les objets d'art fabriqués avec le bois de *Daniellia oliveri* dans le milieu d'étude.

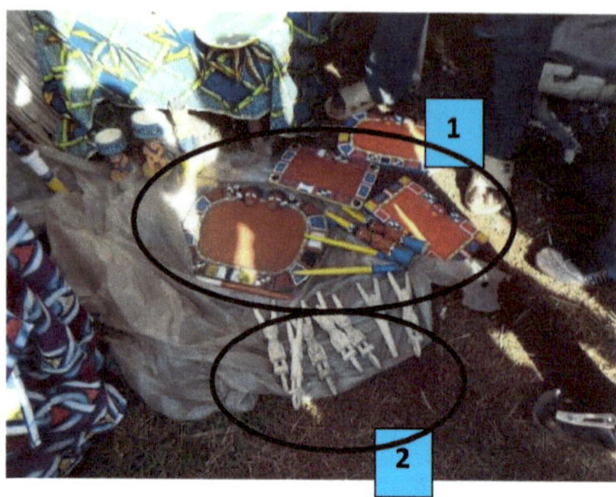

Photo 2: Arbre de *Parkia biglobosa* coupé pour servir de bois d'œuvre à Ofia /Kétou

Photo 3: Tablet de fa (1), statuettes (2) fabriqués avec *Daniellia oliveri* à Pobè

Planche 1: Exploitation de bois et objets d'art fabriqués

Prise de vue: Fachola, Novembre 2018

L'analyse de ces photos montre que l'exploitation des arbres de *Parkia biglobosa* et *Daniellia oliveri* par les populations est fondée sur les usages qu'elles en font. Il ressort que les besoins en bois d'œuvre pour des usages divers, conduisent à la destruction des espèces, compromettant ainsi leur pérennité.

> **Production de bois-énergie**

L'abattage des arbres de *Parkia biglobosa* ou de *Daniellia oliveri,* pour la production de bois-énergie (charbon de bois et bois de feu), est une pratique courante dans les communes de Kétou, Pobè et Adja- Ouèrè. L'abattage constitue un facteur important de dégradation après l'agriculture et l'exploitation de bois pour les œuvres. La planche 2 présente un site de production de charbon de bois et de bois de feu dans le département du Plateau.

Photo 4 : Souche de *Daniellia oliveri* abattue pour la production de charbon de bois à Akpambaou (Kpankou)

Photo 5 : Site de production du charbon de bois à Effèoutè (Idigny)

Photo 6: Branches de *Parkia biglobosa* coupées pour servir de bois de feu à Owodé, arrondissement de Kpankou/ Kétou.

Planche 2: Destruction des arbres pour la production du charbon de bois et bois de feu.

Prise de vue: Fachola, novembre 2018

> ## Prélèvement des organes sensibles

Le prélèvement des organes sensibles (écorce et racine) pour la pharmacopée, pour l'alimentation ou à des fins commerciales, constitue un des facteurs importants de dégradation qui montrent l'attachement des populations à l'utilisation des ressources naturelles pour des besoins divers.

La planche 3 présente des cas de prélèvement des organes pour divers usages dans le département du Plateau.

Photo 2: *Daniellia oliveri* écorcée dans le village d'Abadago, **commune d'Adja-Ouèrè**

ιt**Photo 3 :** Racines de Parkia biglobosa (1) et de Uvaria chamae. (2) en vente au bord de la route à Onigbolo

Prise de vue: Fachola, novembre 2018

L'écorçage et le déracinement ont été identifiés comme étant les principaux modes de collecte des organes sensibles (racine, écorce) utilisés dans la pharmacopée ou à des fins commerciales. Ces images illustrent les différentes formes de prélèvement des organes. Elles témoignent également de l'importance que les populations accordent aux racines de *Uvaria chamae, Parkia biglobosa* et aux écorces de *Daniellia oliveri* ainsi que des pressions humaines exercées sur ces espèces. Des facteurs indirects viennent compléter la liste des menaces et constituent des facteurs limitant la survie des espèces.

2.2.4 Facteurs indirects

Trois facteurs indirects ont été notés: les facteurs liés aux variations climatiques, la croissance démographique et les facteurs sociologiques liés à l'apparition des religions exogènes. A ces facteurs on peut ajouter la méconnaissance des textes et l'opacité du cadre institutionnel et juridique.

➢ Variations climatiques

Les variations climatiques marqués par une irrégularité des pluies, son arrivée tardive, sa fin précoce ou tardive, avec un dessèchement des cours et plans d'eau, dans le département du Plateau, affectent les écosystèmes et la

26

biodiversité. De nos jours, ils constituent un important facteur indirect de dégradation des écosystèmes qui affecte la distribution des habitats favorables aux espèces.

Les faibles précipitations enregistrées (801,576 mm en 2005; 893,446 mm en 2009; 814,446 mm en 2013 et 871 en 2015) par rapport à celles des années, 2010 (1366,09 mm) et 2014 (1209 mm) (DDAEP-Plateau, 2018), révèlent une dégradation progressive des conditions pluviométriques. Les faibles précipitations enregistrées, la réduction du nombre de jours de pluie (46 jours), la chaleur intense (amplitude thermique variant entre 5° et 10°C) compromettent le cycle végétatif et les activités agricoles qui représentent la principale source de revenus des populations rurales.

> **Raisons sociologiques**

Certains comportements sociaux respectueux des ressources forestières et protecteurs des espèces objets de l'étude, sont progressivement abandonnés du fait de l'adoption des religions étrangères à la place de la tradition ancestrale des populations. Ainsi, des interdits (interdiction de coupe et d'usage de *Daniellia oliveri* et *Parkia biglobosa* comme bois–énergie, interdiction de coupe dans les forêts sacrées, sacralisation des espèces par "Orisha") qui pesaient sur certaines pratiques nuisibles à la survie des espèces ne sont plus observés par ceux qui embrassent les religions islamique et chrétienne qui représentent respectivement 16 % et 60 % de la population.

> **Raisons démographiques**

Avec une population de 624146 habitants au dernier recensement de 2013, la population du département du Plateau croît à un rythme de 3,8 % l'an et dépend fortement des activités rurales. Cette forte croissance de la population exige une extension des espaces culturaux et de résidence au détriment de la biodiversité.

2.3. Mesures de gestion durable ou de conservation des espèces

Des mesures de gestion durable des espèces ont été adoptées par les populations dans le secteur d'étude. Cinq ont été proposées par les enquêtés dans le cadre de cette étude (Figure 7).

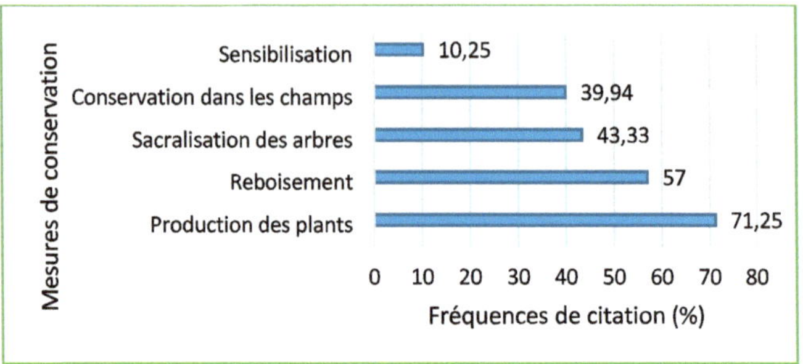

Figure 7: Répartition des mesures de protection adoptées selon les enquêtés

Source : Travaux de terrain, novembre 2018

L'analyse de la figure révèle que la production de jeunes plants (71,25%) des espèces et le reboisement (57%) sont les mesures la plus efficaces. Viennent ensuite la sacralisation des arbres existants (43,33%) leur conservation dans les concessions, champs ou agrosystèmes (39,94%) et la sensibilisation (10,25%) notamment sur leur importance socioéconomique. Ces pratiques existantes doivent être pérennisées et élargies dans toute l'aire du secteur d'étude.

Il ressort de l'analyse que la perception de certains utilisateurs sur le niveau de rareté, l'importance alimentaire et médicinale des espèces ligneuses poussent les populations à conserver les espèces utiles comme *Parkia biglobosa, Uvaria chamae* et *Daniellia oliveri.*

Les photos 9, 10 et 11 montrent quelques pieds des espèces dans les agrosystèmes ou concessions du milieu d'étude.

Photo 9 : Pied de *Daniellia oliveri* dans une concession

Photo 10 : Sujet de *Uvaria. chamea* dans un champ

Photo 11 : Sujet de *Parkia biglobosa* dans un agrosystème

Planche 4: Vue des trois espèces végétales autochtones

Source : Clichés : Fachola, Novembre 2018

Vu l'importance médicinale, esthétique, sociale et culturelle des espèces végétales, le copalier africain (*Daniellia oliveri*) est conservé sur la cour des concessions pour diverses raisons: ombrage, emballage des mets locaux, faciliter l'accès aux organes médicinaux en cas d'urgence notamment les nuits. Ils servent aux personnes âgées, détentrices de pouvoirs occultes ou de connaissances traditionnelles, de sources de médicament et de moyens pour les pratiques religieuses et mystiques. La Photo 12 montre un exemple d'arbre fétiche de *Daniellia oliveri* dans la commune de Kétou.

Photo 12 : Conservation de *Daniellia oliveri* par les
dignitaires Trokpétodéka et Omo olou à l'entrée
d'une concession à Kétou

Prise de vue: Fachola, novembre 2018

Les arbres abritent des esprits qui sont adorés à travers les religions endogènes comme le "Tronkpédéka , Omo olou". Le copalier africain (*Daniellia oliveri*) est parfois exigé par le "fa" pour les sacrifices en cas de maladie. En milieu rural, l'arbre est un protecteur, un sauveur des populations.

Dans le département du Plateau, de nobles initiatives de préservation de la biodiversité ont été observées. Les forêts sacrées constituent des jardins botaniques traditionnels où certaines espèces utilisées sont conservées. La Photo 13 montre un exemple de forêt sacrée dans la commune de Kétou.

Photo 4 : Arbre de *Daniellia oliveri* conservé devant la forêt sacrée ''igbo oro'' à Igbola-ofri, commune de Kétou

Prise de vue: Fachola, octobre 2019

Dans le département du Plateau, les espaces sacrées comme "Igbo Óro, Igbo abikou/Kouvizoun, igbo ɔmɔ olu", interdites d'accès aux non-initiés, sont des lieux inviolables protégés par la communauté pour des actes religieux. Seuls les initiés ont accès. Des espèces fortement utilisées comme *Parkia biglobosa, Uvaria chamae et Daniellia oliveri* sont conservées et interdites de coupe.

DISCUSSIONS DES RESULTATS

Des résultats obtenus, il apparaît que les organes des trois espèces étudiées jouent divers rôles dans la satisfaction des besoins des populations. La pression exercée sur ces ressources (*Parkia biglobosa, Uvaria chamae* et *Daniellia oliveri*) à travers le prélèvement anarchique des écorces et des racines ne garantit pas une pérennisation des ressources dans leur milieu naturel comme l'ont démontré Belem *et al.*(2008) ; Lokonon, (2008) ; Guigma *et al.* (2012) et Ali *et al.* (2014).

La déforestation constitue l'une des grandes menaces sur la biodiversité forestière au Bénin. L'agriculture, première activité économique, qui occupe 70 % de la population active (Neuenschwander & Toko, 2011) et la déforestation sont les principaux facteurs de la dégradation immédiate des ressources forestières (Sinsin *et al.*, 2003 ; Agbahungba et al., 2001 et Ali *et al.*, 2014). Ces facteurs sont appuyés par plusieurs autres facteurs secondaires comme : la carbonisation, l'installation humaine, les variations climatiques. Pour Ali *et al.* (2014), ces facteurs indirects sont complétés par, la prolifération des religions chrétiennes et islamiques, le manque de comité de gestion, l'insécurité foncière (Sinsin *et al.*, 2003). En ce qui concerne l'installation humaine elle s'explique par l'évolution en horizontale des habitations des communes. Hormis *Daniellia oliveri, Parkia biglobosa* et *Uvaria chamae* ne subissent pas les émondages pastoraux car ce phénomène n'a pas encore pris d'ampleur dans le département du Plateau au sud-Bénin. C'est plutôt l'exploitation de leur bois très recherché qui constitue un facteur important de la dégradation. Le prélèvement des écorces et des racines compromet l'avenir des espèces (Belem *et al.*, 2008 ; Djego *et al.*, 2011) et peut également entraîner la mort des sujets, notamment les jeunes arbres, surtout pendant la saison sèche où la teneur en eau du sol baisse (Lokonon, 2008).

Le prélèvement des fruits notamment du *Parkia biglobosa* affecte négativement les densités de régénération. Ses fruits sont souvent transportés à la maison pour la consommation ou même s'ils sont consommés sur place, les embryons de certaines graines peuvent être endommagés et compromettre ainsi la régénération. Le mode de collecte des parties ou d'organes comme le cas de l'extraction des écorces et de l'écimage répété des arbres pose des problèmes de pérennisation des ressources. Lorsqu'il est fréquemment pratiqué dans le temps, l'écorçage compromet la survie des espèces (Belem *et al.*, 2008). L'écorçage des espèces et les ébranchages pastoraux excessifs sont de facteurs de destruction des ressources végétales comme l'ont témoigné (Belem *et al.*, 2008), pour les espèces *Khaya senegalensis, Sclerocarya birrea, Pterocarpus erinaceus, Balanites aegyptica, Bombax costatum.* Il faut rechercher d'autres alternatives pour la satisfaction des besoins des populations.

Les enquêtes menées dans les localités ont montré que les espèces étudiées n'ont pas fait l'objet de plantation comme l'indique plusieurs auteurs (Deleke Koko, 2005 ; Lokonon, 2008). Il est à noter que, la non prise en compte des ressources dans les différents programmes nationaux d'aménagement forestiers est une erreur, qui risque de compromettre à l'avenir des écosystèmes. Mais on remarque une prise de conscience des populations rurales qui essayent de les conserver autour des habitations comme le montre (Djego *et al.*, 2011).

Ces espèces, malgré leur importance socioéconomique, ne font pas l'objet d'une protection particulière de la part des populations riveraines. Cependant, il est à noter, une sacralisation des espèces comme *Daniellia oliveri* à cause des interdictions, des esprits, des divinités et des cérémonies d'initiation comme l'ont témoigné plusieurs auteurs (Irotori, 2018; Sokpon *et al.*, 2010 ; Kokou et Kokutse, 2007 ; Kokou et Sokpon, 2006). Quelques pieds d'arbres sont aussi conservés dans les champs et concessions à cause de leur ombrage. Les interdictions de coupe, dans certaines forêts comme la forêt communautaire d'Adakplamè, la forêt classée de Dogo-Kétou et dans les îlots de forêts de fétiches oro,… sont très peu respectées surtout par les autochtones (Irotori, 2018).

Dans certaines collectivités Holi, il est interdit de faire le feu avec le bois du *Parkia biglobosa* et du *Daniellia oliveri* car cela entraîne des morts nés. Mais ces interdits ne sont plus respectés à cause de l'emprise des religions chrétiennes et islamiques sur la réalité africaine. La croissance rapide de la population a alors entraîné une augmentation des besoins des populations dans les différentes communes. Dans le souci de satisfaire les besoins de leurs familles, certains agriculteurs n'ont d'autres choix que de braver les interdits qui protègent les forêts sacrées ou communautaires pour gagner des espaces cultivables (Ali *et al.*, 2014).

Contrairement à la zone d'étude, *Parkia biglobosa* est préservée partout où il se trouve dans les localités du Nord-Bénin (Eyog Matig *et al.*, 1999). Ces actions de conservation et d'exploitation rationnelle des ressources forestières alimentaires méritent d'être soutenues et étendues dans le sud-Bénin. Il y va de l'intérêt des générations futures mais aussi et de la conservation de la biodiversité en général.

CONCLUSION

Cette étude révèle la présence de *Parkia biglobosa, de Daniellia oliveri et de Uvaria chamae, trois espèces utilisées par les populations rurales du secteur d'étude.* L'exploitation abusive de ces espèces constitue une menace de dégradation. L'ensemble des informations collectées, montre que la population détient des connaissances sur les menaces qui pèsent sur les espèces ligneuses de leur milieu. Ces menaces sont essentiellement liées à la mauvaise pratique agricole, à la pression démographique et l'exploitation anarchiques des essences forestières pour la satisfaction des besoins socio-économiques des populations. L'étude montre d'une part l'attachement de la population au patrimoine traditionnel, surtout dans les zones enclavées où la population locale a su développer au fil du temps un savoir-faire important et des techniques traditionnelles impressionnantes sur l'usage des plantes médicinales. Au terme de cette étude, il est important qu'une stratégie de conservation des espèces utiles soit développée, non seulement pour répondre aux besoins actuels, mais pour assurer l'avenir des générations futures. Il apparaît donc au vu de ces résultats qu'il est important de prendre des mesures de protection et de conservation in situ des espèces autochtones encore à l'état sauvage.

BIBLIOGRAPHIQUES

ADOMOU (A.C.), YEDOMONHAN (H.), DJOSSA (B.), LEGBA (S.I.), OUMOROU (V.), AKOEGNINOU (A.), 2012. Etude ethnobotanique des plantes médicinales vendues dans le marché d'Abomey-Calavi au Bénin, Int. J. Biol. Chem. Sci., 6, 2, pp. 55-78.

AGBAHUNGBA (G.), SOKPON (N.), GAOUE (O.G.), 2001. Situation des ressources génétiques forestières du Bénin. Atelier sous régional FAO/IPGRI/ICRAF sur la conservation, la gestion, l'utilisation durable et la mise en valeur des ressources génétiques forestières de la zone sahélienne Note thématique sur les ressources génétiques forestières, Document FGR/12F, Département des forêts, FAO, Rome, Italie, 36 p.

ALI (R.K.F.), ODJOUBERE (M.J.), TENTE (B.H.A.), SINSIN (B.), 2014. Caractérisation floristique et analyse des formes de pression sur les forêts sacrées ou communautaires de la Basse Vallée de l'Ouémé au Sud-Est du Bénin, Afrique science, 10, 2, pp. 243-257.

ASSOGBA (S.C.), 2016. Perceptions de l'environnement et stratégies paysannes dans l'adoption des systèmes durables de production au Bénin-Cas du coton biologique, Annales de l'Université de Parakou, Série « Sciences Naturelles et Agronomie», vol6, 1, pp. 48-58.

ASSOGBADJO (A.E.), AMADJI (G.), GLELE KAKAÏ (R.), MAMA (A.), SINSIN (B.), VAN DAMME (P.), 2000. Evaluation écologique et ethnobotanique de Jatropha curcas L. au Bénin, Int.J.Biol.Chem.Sci., vol. 3, n 5, pp.1065-1077.

AYIHOUENOU (E.B.), FANDOHAN (A.B.), SODE (A.I.), GOUWAKINNOU (N.G.), DJOSSA (A. B.), 2016. Biogéographie du néré (Parkia biglobosa (Jack.) R. Br. ex. Don.) sous les conditions environnementales actuelles et futures au

Bénin, Bulletin de la Recherche Agronomique du Bénin (BRAB), 11, pp. 93-108.

BELEM (B.), SMITH (C.), OLSEN (I.), THEILADE (R.), BELLEFONTAINE (S.), GUINKO (A.), LYKKE (M.), DIALLO (A.), BOUSSIM (I.J.), 2008. Identification des Arbres hors forêts préférés des populations du Sanmatenga (Burkina Faso), Bois et Forêts des Tropiques, vol. 298, n 4, pp.53-64.

BENKHNIGUE (O.), ZIDANE (L.), FADLI (M.), ELYACOUBI (H.), ROCHDI, (A.) et DOUIRA (A.), 2011. Etude ethnobotanique des plantes médicinales dans la région de Mechraâ Bel Ksiri (Région du Gharb du Maroc).Acta Bot. Barc., 53, 191-216.

CODJIA (J.T.C.), VIHOTOGBE (R.), LOUGBEGNON (O.T.), 2009: Phytodiversité des légumes-feuilles locales consommées par les peuples Holli et Nagot de la région de Pobè au sud-est du Bénin. *Int. J. Biol. Chem. Sci.*, 3(6), 1265-1273.

DAGNELIE (P.), 1998. Statistiques théoriques et appliquées. De Boeck et Larcier, Brussels, les presses agronomiques de Gembloux, 463 p.

DELEKE KOKO (K.I. E.), 2005. Utilisation des plantes médicinales contre les maladies et troubles gynécologiques dans les terroirs autour de la Zone Cynégétique de la Pendjari (ZCP) du Bénin : compréhension, inventaire ethnobotanique et perspectives pour leur conservation, Mémoire d'ingénieur, FSA/UAC, Bénin, 130p.

DIOP (M.), SAMBOU (B.), GOUDIABY (A.), GUIRO (F.), NIANG-DIOP (I.), 2011. Ressources végétales et préférences sociales en milieu rural sénégalais, Bois et forêts des tropiques, vol. 310, n 4, pp. 57-68.

DJEGO (J.), DJEGO-DJOSSOU (S.), CAKPO (Y.), AGANI (P.), SINSIN (B.), 2011. Evaluation du potentiel ethnobotanique des populations rurales au Sud et au centre du Bénin, Int. J. Biol. Chem. Sci., vol. 5, n 4, pp. 1432-1447

EYOG MATIG (O.), ADJANOHOUN (E.), DE SOUZA (S.), SINSIN (B.), 1999. Programme de ressources génétiques forestières en Afrique au Sud du Sahara (programme Saforgen), Compte rendu de la première réunion du Réseau, Station IITA, Cotonou, Bénin, 145p.

FAO, 2011. Situation des forêts du monde, 176 p.

FLOQUET (A.B.), MALIKI (R.), TOSSOU (R.C.), TOKPA (C.), 2012. Evolution des systèmes de production de l'igname dans la zone soudano-guinéenne du Bénin, Cahier Agriculture, 21, pp. 427-437.

GOUSSANOU (C.), TENTE (B.), DJEGO (J.), AGBANI (P.), SINSIN (B.), 2011. Inventaire, caractérisation et mode de gestion de quelques produits forestiers non ligneux du Bassin versant de la Donga, Ann. Sc.Agro., vol. 14, n1, pp. 77-99.

GUIGMA (Y.), ZERBO (P.), MILLOGO-RASOLODIMBY (J.), 2012. Utilisation des espèces spontanées dans trois villages contigus du Sud du Burkina Faso, Tropicultura, vol. 30, n 4, pp. 230-23.

INSAE, 2015. Synthèse des principaux résultats du RGPH-4 du Plateau. 4p

IROTORI (Y.A.), 2018. Gestion des bois sacrés et conservation de la biodiversité dans le Nord-Ouest de l'Atacora, au Bénin, Thèse de doctorat unique, Université d'Abomey-Calavi, 186p.

KOKOU (K.), KOKUTSE (A.D.), 2007. Conservation de la biodiversité dans les forêts sacrées littorales du Togo, Bois et Forêt des Tropiques, 292, pp.59-72.

KOKOU (K.), SOKPON (N.), 2006. Les forêts sacrées du couloir du Dahomey. Bois et Forêts des Tropiques, 288, 2, pp. 15-23.

KOURA (K.), 2003. Contribution à l'étude ethnobotanique du néré [*Parkia biglobosa (Jacq.) R. Br.* ex G. Don] dans les départements de l'Atacora et de la Donga : Aspects socioculturels, Mémoire de DESS, FSA /UAC, 94 p.

LOKONON (B.E.), 2008. Structure et ethnobotanique de *Dialium guineense Willd., Diospyros mespiliformis Hochst. Ex A. Rich. et Mimusops andongensis Hiern.* en population dans le Noyau Central de la Forêt Classée de la Lama (Sud-Bénin), 89p.

LOUGBEGNON (T.O.), TENTE (A.H.B.), AMONTCHA (M.), CODJIA (J.T.C.), 2011. Importance culturelle et valeur d'usage des ressources végétales de la réserve forestière marécageuse de la vallée de Sitatunga et zones connexes, Bulletin de la Recherche Agronomique du Bénin, 70, pp. 35-46.

NEUENSCHWANDER (P.), TOKO (I.), 2011. Bénin, milieu naturel et données socio-économiques In : Protection de la Nature en Afrique de l'Ouest : une liste rouge pour le Bénin. Neuenschwander P., B. Sinsin, G. Goergen, (eds). pp 7-13.

RAKOTONDRATSIMBA (H.M.), 2008. Etudes ethnobotaniques, biologiques et écogéographiques des *Dioscorea spp sauvages d'ankarafantsika* en vue de leur conservation. Mémoire de DEA, Université d'Antananarivo, 87 p.

RAZAFIMANDIMBY (H)., 2009. Etudes écologique et ethnobotanique de *Tsiperifery* (Piper sp) de la forêt de Tsiazompaniry pour une gestion durable, Mémoire de DEA en foresterie, environnement et développement, Université d'Antananarivo, 71 p.

SALIOU (A.R.A.), OUMOROU (M.), SINSIN (A.B.), 2015. Modélisation des niches écologiques des ligneux fourragers en condition de variabilité bioclimatique dans le moyen-bénin (Afrique de l'Ouest), Revue d'Ecologie (Terre et Vie), vol. 70, n4, pp. 342-353.

SINSIN (B.), ATTIGNON (S.E.), LACHAT (T.), PEVELLING (R.), Nagel (P.), 2003. La forêt de Lama au Bénin : un écosystème menacé sous la loupe. Opuscula Biogeographica Basileensia, Suisse, 3, pp. 1-32.

SOKPON (N.), AGBO (V.), 2010. Forêts sacrées et patrimoine au Bénin, Atlas de la biodiversité de l'Afrique de l'ouest, 1, pp. 536-547.

UICN, 2000. Red list of threatened species. Compiled by Craig Hilton-Taylor. The World Conservation Union, 38p.

UICN, 2008. The UICN Red list of Threatened Species. www.iucnredlist.org update of 2008, 35p.

VODOUHÊ (F.G.), 2011. Non-timber forest products use and biodiversity conservation in Benin. Dissertation for the Degree of Doctorate of University of Abomey-Calavi, 169 p.

LISTE DES FIGURES

LISTE DES TABLEAUX

LISTE DES PLANCHES

TABLE DES MATIÈRES